U0175800

悦 读 阅 美 · 生 活 更 美

女性时尚生活阅读品牌

☐ 宁静　　☐ 丰富　　☐ 独立　　☐ 光彩照人　　☐ 慢养育

手绘时尚巴黎范儿3

跟魅力女主们
帅气优雅过一生

[日]米泽阳子 著

满新茹 译

漓江出版社

Foreword
前言

　　"巴黎女人"给人以什么印象呢？

　　我将从职业、视觉印象等各个方面进行探究。朋友们可能是用语言来描述并记住她们的形象，而我则是像用相机拍摄照片一样，在脑中印刻下巴黎女人在某一瞬间的影像。

　　在咖啡店、在家里、在美术馆、在公园，我看着过往的巴黎女人，在脑海中变换着素描中模特的模样。一个个身着普通但剪裁合体服饰的，肤色各异、发色不同的女子跃然纸上。她们昂首阔步，她们步伐轻快。她们完全不在乎自己的姿势是不是优美，也不在意自己是不是传统意义上的美人，只是尽情地、自信地做她们自己。她们总是认真地生活，高兴的时候尽情地笑，悲伤的时候畅快地哭，她们那丰富的表情为我的画作增添了色彩。

　　在生活方面，巴黎女人比我们活得更踏实。在每一天中，她们敏锐地关注着那些适合她们的东西。而在这本书中，我将摒弃那些假装一本正经的巴黎女人，选择那些我在巴黎中心地带每日见到的、与我们相近的巴黎女人介绍给大家。

米泽阳子

　　毕业于女子美术短期大学，曾在大型企业担任广告插画设计师，活跃在化妆品包装、广告宣传品、女性杂志、CM 等与女性、时尚相关的插画设计领域。曾游学法国，受邀在巴黎老牌高端商场 "乐蓬马歇"（Le Bon Marché）举办了全方位的个人才艺展。回到日本后，将在巴黎居住 4 年的体验结集成书，并活跃在商品企划等领域中。曾出版有《巴黎人的最爱》《巴黎恋爱教科书》。

个人网站：http://www.paniette.com

SOMMAIRE
目录

SOMMAIRE
目录

1er CHAPITRE

Part 01

平素的巴黎女人

La parisienne Simple

Les Parisiennes

巴黎女人

有一位摄影家曾说过："从背影你便能判定她是不是巴黎女人。"曾经的我并不明白，直至真正在巴黎生活，我才开始理解为什么他会这么说。即便同样是西方人，巴黎女人也散发着与观光客不同的气息。

首先是姿势和步伐不同。巴黎女人昂首挺胸，脚步轻盈，随意间却透露出十足的自信、威严、大气与性感。其次，服饰感觉不同。巴黎女人不会在服饰上花太多钱，也不会围上大量的单品，但她们却能穿出时尚范儿。

一眼望去，走在街上的巴黎女人的服饰都是由极其简单的单品搭配而成的。

我所描绘的巴黎女人，正是那些身着束腰大衣，搭配针织衫，足踩芭蕾鞋，头上松松地绑着马尾辫的形象。那也是在我的描绘中出现频率最高的形象。但是，为什么巴黎女人能将同样的单品穿出不同的韵味呢？究其原因在于她们在细节部分下了很大功夫。比如说：露肩、改变系扣子的方式、挽起袖子……依靠这些改变细节的穿法，打造出不一样的观感。

巴黎女人就是用这样"看似普通却不尽相同"的造型，让我们着迷。

LES MONOTONES

偏爱单一色调

　　从 10 月到次年 3 月，这漫长的冬日里，你很少能够看到太阳，天气阴沉沉的，灰色弥漫整个天际。如果给冬日的巴黎拍张照片，恐怕会给人虽然色彩斑斓，却千篇一律的感觉。

　　或许是为了增加统一感，与富有历史感的古老街景完美地融合在一起，比起添加了鲜艳颜色或流行色的服饰，巴黎女人好像更偏爱单调、沉稳的颜色。商场里黑色系的服饰很容易卖断货。

　　有的花店甚至只卖白色系的花，提供黑色的包装纸……从这里我们可以很明显地感受到巴黎女人对于单一色调的偏爱。

基本色千篇一律的巴黎建筑

← 红砖色的烟囱

← 灰色的屋顶

← 基本是白色系的墙壁

← 黑色或是深灰色的铁架

← 一层店铺的墙壁清一色是彩色的油漆

← 发灰的马赛克石板地面

UNE DÉMARCHE ÉLÉGANTE

喜欢健步快走

　　翻看巴黎的影集，里面记录着我在巴黎街头随意拍下的日常场景。照片中的巴黎女人走得飒飒生风。她们不是模特，但她们走路的样子一旦被摄入镜头，便宛如一幅画。她们飒爽利索的步伐是如此悦目。

　　从前，我曾前往巴黎市政厅观赏颇受欢迎的漫画家的原画展，那些人们争相排长队欣赏的漫画中，颇为幽默地记述着巴黎的日常生活，完美地勾勒出巴黎人的习性，让参观者能通过画家敏锐的视角发现"对对，就是有这样的人！"画中的巴黎女人便是昂首阔步的样子。然而，作品中描述的日本人却是手提名牌纸袋，迈着内八字，微笑着一步一步地缓慢前行着，多少让人觉得那步伐中带着些无力感。

　　从那之后，我刻意提醒自己"抬头挺胸，快步疾行"，模仿巴黎女人的走路姿势。当然我的容貌不会因此而改变，但觉得走起路来心情变得很轻快。

时速八公里？

法式薄饼

一边聊天，一边吃东西。

三明治

一边吃意大利冰淇淋，一边走。

即便提着从超市买来的大量购物品，依然快步疾行。

无论是什么情况，都能轻快前行的健走达人，这就是巴黎女人。

lèche-vitrines

橱窗购物

法国人标志型的习性之一便是橱窗购物。将"橱窗购物"直译成法语便是"舔着橱窗"。而他们就是这样做的，无论男女老少，像是要舔遍所有橱窗一样仔细地看橱窗中的商品。巴黎女人紧贴着橱窗，将长脖颈伸得更长，认真地审视着橱窗中的商品……

巴黎建筑的第一层基本上都是店铺，橱窗可以说是小店的脸面。摆放在橱窗里的商品，往往是扫一眼便让人觉得魅力非凡的，是店家全面考量季节感、配色、装饰……后精心选择的。橱窗陈列商品的价签都特别醒目，方便行人看清标价。有些店铺甚至闭店后仍然开着橱窗的照明灯，24小时保证"橱窗购物"。

我装作若无其事地观察巴黎女人，发现她们常常依照这样的顺序进行"橱窗购物"：驻足，观看商品，确认价格，如果有兴趣的话就进店详细了解。在橱窗处长时间观看的人很少有不购物的，当然也有些人进店后问这问那，然后礼貌地说声"谢谢"离开。

巴黎没有那种"顾客至上"的观念，店员不会非常郑重地对待顾客，取而代之的是享受人与人之间自然大方的交易。有时候，店员甚至会建议你："如果想要那样的衣服的话，请到某某店去看看吧。"

镜子

我在巴黎搬过很多次家，无论是哪一个家都有很多的镜子！

在家时，不论是看这边还是看那边，总能从镜子里看到自己最放松、自然的姿态。精神抖擞地出去吃午饭时，擦得锃亮的商店橱窗映出自己的身影，才发现自己的穿戴有些不太搭。所以，在巴黎，无论是在街上也好，家里也罢，无论你愿意不愿意，你总能看到自己"真实自然的姿态"。

药店里有很多放大镜在售。百货商店整齐地摆放着各式各样绘画镜框风格的镜子。或许因为镜子曾是奢侈品，现在终于普及了，所以摆了很多？抑或镜子是大生产时代的一个象征？也可能是为了让房间看起来更宽敞？不论什么原因，总之，周围到处是镜子，让我觉得自己生活在"镜子之间"。

需要注意的是，这镜子难道不是巴黎女人时尚之路最重要的伙伴和训练师吗？ H&M 的试衣间里三个方向都摆放了镜子，在购买之前，你甚至连背影都可以仔细检视。

回到日本，从镜子的世界中得以解放，或许是心理作用，总觉得自己变得松懈了……或许镜子就如同别人的目光，起到让你时刻保持仪态的作用。

看到自己映现在橱窗上的修长身躯，觉得超开心。

在街上散步的时候，不经意间在橱窗玻璃上看到自己的身影。

ESPRIT DE CONTRDICTION

富有个性

"个性"这个词，可以说是巴黎女人的代名词。确实，大家的个性都很丰富。但是，有个性却与奇特、显眼有所差异。不论大家如何宣称"我讨厌和别人一样"，过于显眼终归是不好的……

与对流行时尚异常敏感的我们所不同，巴黎女人没有被过多的流行信息所左右，取而代之的是享受彰显真我时尚带来的快乐。她们固守着受之父母的肤色、眉形、有特点的头发、身高体形等，"任性"地探寻"适合"自己的东西。她们爱惜地打磨着自己这块"原石"，显现出内在的"玉"——个性。

我办个展的时候，最重视的便是"个性"。虽说是在巴黎办个展，但我不会特意去画那些从少女时代就画的有蓝眼睛、厚唇、翘睫毛的微笑的女子。这些虽然与周围环境很相称，但却是仿制的（模式化的），是会被人识破的。特别是，法国人对于这些的审查尤其严格。她们坚信："所谓个性，是自己所带有的特点，是自己喜欢的东西，是花时间打磨、创造出来的。"

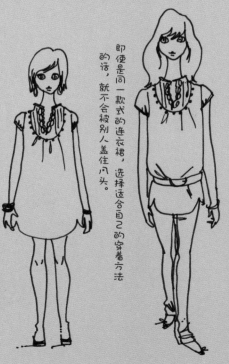

即便是同一款式的连衣裙，选择适合自己的穿着方法的话，就不会被别人盖住风头。

晒太阳

防紫外线攻略告诉人们对阳光要敬而远之，女性尤其在意这一点，人们为了防晒戴起帽子……对于司空见惯这一切的我来说，看到巴黎女人自然晒太阳的样子让我受到了轻微的文化冲击。就我所见，遮阳伞的使用率为零。

3月，天气终于开始放晴了，咖啡店的露天席位摆上街头，纵使天气还有些凉，但是露天席位却坐满了人，咖啡店内则空荡荡的。令人奇怪的是街对面咖啡店的露天席位却是空荡荡的，"或许是那个店铺没有人气吧"，我这样想着。然而，到了午后，对面的店铺开始向阳，那边的露天席位满员了。而上午还热闹非凡的店铺却……人潮像是随着阳光的迁移转到了别家。

4月，明媚的阳光下，公园的草地上挤满了露营者。从5月底6月初开始，塞纳河边开始出现躺卧的休闲者。午餐时间，外面的座位开始异常热闹。傍晚时分，人们坐在露台上，霞光照映在手中开胃酒的玻璃杯上，分外美妙……如果下起小雨，人们可以躲到遮阳伞下。这个时节巴黎鲜有连阴雨，所以很快雨便会停，人们又能到外面去了。而这一时节，晚餐时间的餐馆里，人们也会争先抢占视野好的室外座席。来往的人们则在就餐客人的周围穿行而过。在把时间提早1小时的夏令时期间，人们会尽可能地让自己沐浴在阳光下，直到晚10点左右太阳落山。

天气很热，但在阳光下的喷泉，以及咖啡的浓香总能让人精神一振。这时候的法国人，就好似在被阳光照得暖暖的、令人心情舒畅的场所打盹儿的小猫咪。

我旅居巴黎的那段时间里也被"猫化"了，尽情享受太阳与自然，身体好像是晒干的棉被，暖暖的，心情也开朗起来，晒黑什么的也听之任之，不去理会了。

pique-nique（野餐）

公园以外的野餐也非常有人气。

草地上轻放着可爱的小花。

2ème CHAPITRE

Part 02

巴黎女人的最爱

Les petits favoris

大开领露肩针织衫

在巴黎做个展的时候，让个展监制看我作品时，我总觉得他认为中性的时尚不够好（当然，这并不是他特意用语言表达出来的）。于是我考虑着是不是在哪里添加女性或性感的元素，让画作有成年女性的魅力，于是我将画中女性穿的民族风格针织衫的小领口调整为大领口。

结果，负责展示的帕里江（人名）说，那是他最喜欢的画作。

此后，我在街上观察了一下，街上巴黎女人的衣服领口都开得极低，几乎要露出乳沟。而商店中，很多人会挑选胸部剪裁漂亮的服饰。

我边观察巴黎女人边反复研究，终于明白让胸部看起来漂亮的针织衫就是左页和下方插图的款式。只要拥有其中的一款，就是典型的巴黎风。选择尺寸时可以比平时小一号，这样最合身。如果穿大尺码的衣服，露出一侧香肩，也是非常漂亮的。

不论胸大或小，像巴黎女人那样大大方方昂首挺胸是非常重要的！

裸露的部分，比起V形领、U形领、某某形领等，领口的横幅开到肩膀的设计可以让锁骨看起来非常漂亮。

Le jean PARFAIT

牛仔裤

　　巴黎一年四季的气温都偏低，所以牛仔裤成了必不可少的单品。巴黎女人有着紧实上翘的圆臀、弹性的大腿、笔直的小腿，而与之最相配的莫过于牛仔裤了。

　　一定要一条一条地谨慎试穿，直至选择到一条与自己的体形最相配，能展现自己美腿＆美臀的"属于我的那条牛仔裤"。紧腿裤、直筒裤、喇叭裤，都是巴黎女人的最爱。人们根据自己的体形和个性，从中选择最适合的、能勾勒出漂亮线条的牛仔裤，而选择男式款型的是少数派。

　　裤长较长，裤脚的部分散开也是非常漂亮的（但要注意避开巴黎名物——"狗粪"）。雨天的时候，裤脚可能会被沾湿，但是不要紧，巴黎属于干燥气候，裤脚会自然干燥的。

　　与习惯脱鞋的日本人不同，有靴子文化的法国人即使是对待牛仔裤也比较粗暴，哪怕是沾上泥也毫不在乎。原本就是劳动者服装的牛仔裤（牛仔布也称"劳动布"），弄脏了也算物尽其用。

举例说明紧身牛仔裤的三种穿法

与平底鞋最相配的标准样式。

夏天挽起裤脚，搭配草编帆布鞋。

臀部非常有魅力！

冬天将裤脚放在靴子内。

能把下身拉长是非常好的！

CONVERSE ROSE

粉色的匡威

因为青年人常席地而坐或是在公园吃午餐，所以轻便运动鞋成了他们的必备之物。匡威的粉色系列非常受欢迎。即使是这样的运动单品，搭配起来也不会显得男子气，仍透着女人味。

比起其他欧洲城市，巴黎的街景以中间色居多，给人一种柔和的印象，让我不由自主地感受到女性的魅力。

例如，铁质的路灯是茶色的，屋顶是灰色的，铁架是绿色的，像伦敦那种黑红色的强烈对比并不多。或许正是如此，这个城市也慢慢地融合了女性的特质。

像下面插画中所画的，即使是休闲运动鞋也能穿出时尚感的便是巴黎范儿。这是能彰显女性胸部、臀部线条美的搭配。

一旦需要安静的时候，就选择美味又方便的的法式三明治。

Déjeuner de Lycéenne
（学生餐）

午餐是外带的，所以不需要花费场地费，很合理。经常能看到一些学生坐在广场等处的台阶上大口吃着三明治，或是边走边吃午餐。当然，他们之间的谈话也简洁干脆。

啄面包屑吃的小鸟很多。

Le Sac Vanessa Bruno

凡妮莎·布鲁诺 (Vanessa Bruno) 的大手袋

以帆布或皮革为主体材质，配以亮片的大手袋是主打品。日本人也非常熟悉这个款式。分为 S、M、L 三种型号，每季的设计以最具设计师 Vanessa 特色的柔和色为主基调展开。

在有"文件社会"之称的法国，学校发的资料、银行的明细单、合同……大部分是 A4 尺寸，因此，包包的尺寸选能放入 A4 文件的最好——S 号太小，如果考虑和身体的比例协调的话，L 号又显得太大了……所以选择了 M 号。

从巴黎女人严格地省小钱这样的事情来看，买这个帆布包是贵了些，但是帆布包极其实用，且亮片能不动声色地展示质感，百看不厌。如此看来，选购帆布包实为明智之举。

颜色方面，就我看到的，多为"黑色 × 黑色"的组合。在选择颜色的时候不要苦恼，抱定"姑且先选黑色"的想法。

这种帆布包无论是设计款式、颜色，还是好用程度都非常棒，深受从学生到太太夫人各个年龄层的喜爱。

年轻人提帆布包搭配便服。

太太夫人们选择漆皮包凸显身份。

vanessabruno PARIS
http://www.vanessabruno.com

夏日的连衣裙

　　巴黎的夏日很短，在灿烂的阳光下，身着夏日连衣裙的巴黎女人闪亮登场了。终于可以痛痛快快地享受穿裙子的乐趣了。

　　连衣裙，以吊带款为主。好像在说："天气这么热，要穿的布料面积小些，通风才好。"她们不会在吊带裙上搭配外衣，也不会掩盖住胸部，反而是大大方方地走出去。没有人会指责她们，看到她们的人

也会有一种开放感，倍感自由。这时，胸部的大或小完全不是问题，这份自信才是最美的。

　　白日里，为了不过于性感，脚上常搭配沙滩凉鞋，或是在头发上别上夹子增加一些甜美感；而夜里，她们则换上丝绸或玻璃纱等面料的裙子，再配上高跟鞋，盛装打扮。夏天的裙摆中透着清爽的健康之美。

精心挑选适合自己的吊带裙，度较高，胸部若隐若现，局成肌肤的裸露程，清凉性感。

太阳镜是必需品，但不需要帽子。

巴黎小女生也很时髦！大人的缩小版！

晚上穿的连衣裙与日间的服饰的材质不同，多为丝绸、玻璃纱等奢华面料。

白天，平底鞋搭配便服，非常活泼，多一件衣的吊带露出来也没关系。

不怕穿凉的话，穿靴子也无妨。

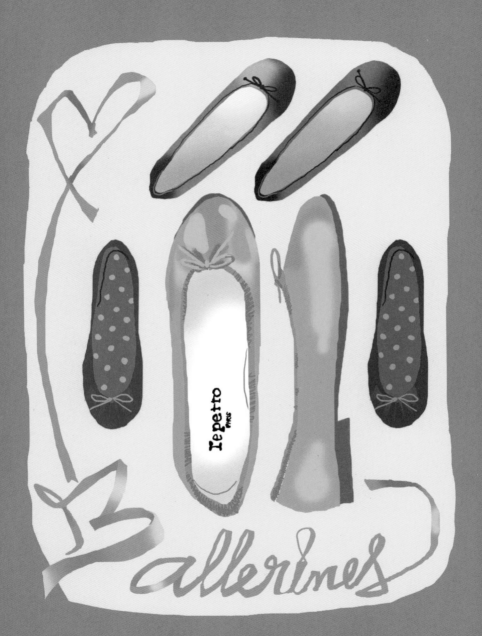

芭蕾鞋

　　巴黎女人的足下必有一双芭蕾鞋。一年中不论何时、不论何地，都适合在石阶较多的坑坑洼洼的街道穿行的万能鞋便是芭蕾鞋。

　　芭蕾鞋以黑色居多，也有人足蹬漂亮的粉色或金色的，如果只有鞋子的部分有颜色的话，就会成为全身的重点。因为面积很小，所以不会显得轻桃，反而会成为很自然的亮点。

　　如果提起芭蕾鞋的代表品牌，那么当数"repetto"（丽派朵）。推荐的款式如左页图所示，是鞋头很短的那种。这样的款式可以让脚背看起来更长，让脚看起来更柔软、更美。

　　巴黎女人更喜欢平底鞋。光脚穿芭蕾鞋是主流，而在日本备受欢迎的蕾丝袜子，巴黎女人几乎不穿。为了不破坏芭蕾鞋漂亮的线条，一定要光脚，穿紧身裤。

　　"repetto"（丽派朵）是芭蕾鞋的专营店，价格是中产阶层水平，比较昂贵。所以，巴黎女人通常会去那些价格适中、可以轻松购物的店里买芭蕾鞋。

选择牛仔裤搭配芭蕾鞋的人最多。

妈妈们或是小姐们柔软的裙子搭配芭蕾鞋，光脚是（成熟可爱的）重点。

露出这部分的优美线条。

推荐鞋子前端很短的款式。稍露出一些脚趾缝最性感。

37

Le trench-coat

束腰大衣

巴黎气候多变。即使早上和白天很暖和，晚上也可能突然气温降低。3月，在日本已经不需要穿大衣，在巴黎大衣却仍是不可或缺的单品。其中束腰大衣是"万能选手"。颜色方面，米色、黑色占绝大多数。虽然配合流行趋势，设计款式会有些许的变化，但巴黎女人不会在基本的款型和颜色上冒险，只是享受变换穿衣方式的乐趣。

不只是立起领子、解开扣子，她们还会关心腰带的垂度，然后从镜子中审视背影，调整全身的比例平衡。

在寒冷的季节，将围巾一圈圈地围上，这个时候，腰带绝不会整齐地系，而是稍微下垂，好似很随意（想要模仿的人，一定要多在背地里练习系几次，直至熟悉要领为止）。即使是新的衣服，也要让两臂和胸部有些自然的褶皱，可以轻轻抽打几下腰带，使之柔软。

品牌倒是没有特意打听，但如果是"Comptoir Des Cotonniers"（棉柜）（参见68页）的话，即使是基础款，也会因其优异的剪裁，令穿着者优雅出众。

扣子解开，腰带散着，这种穿法便是巴黎范儿。但是，要注意不要让人看起来很邋遢，要注意调整在左右两侧腰带的长度。

从侧面看，这个部分不要太紧绷，微调长度。

特别冷的时候，扣子要全部扣上，腰带不要工整地系上，自然的松弛度是最好的。

NG!

Good!

珑骧（LONGCHAMP）的包包

珑骧(LONGCHAMP) 的包包主体是尼龙，提手的部分是皮质。

颜色和型号很丰富，每个季节都会有新颜色发布。如果折叠起来的话，就会变成一个便携式的小包，因此买来作为备用包或是旅行纪念品的人也不少。在日本，人们把这个作为面向太太们的品牌。在巴黎，太太们自不必说，也常常看到中学女生驾轻就熟地提着珑骧包包，不知是从妈妈那里借来的还是"继承"来的。经常能在巴黎古老的街道上看到人们提着皮子部分已经用得极为柔软的珑骧包。

不只限于总店，你甚至可以在商场、机场等找到当季的新款包。

因为是尼龙材质，所以这个牌子的包包适用于各个季节，配牛仔裤或套装都合适，不但可以装教科书还能当备用包。总之，让我们像巴黎女人那样在生活中充分使用它，直至用到皮子变软。

习惯这样提包的巴黎女人。

盖子的部分可以不扣住，特意反过来，让大家看到皮包的皮质。

LONGCHAMP
PARIS

www.longchamp.cn/

研究颜色、形状、大小与日本的不同。

素描母亲节的牡丹花

法国制造的纸张很平滑，很适合用来画画。

当地的麦当劳

很愉快

读书、看电影、去美术馆是非常重要的事情。
调查到底，写生 & 做笔记。

阳子〈YOKO〉的巴黎一日·灵感时光

　　与异国文化的接触，激发了我绘画的灵感。在巴黎的每一日，泰然自若的一日
或是稍显奢侈的一日……从各种各样的角度去感受巴黎。在巴黎生活并不便宜，所以，
重要的是自己去发现其中的快乐。

打扫用的物品，对这些包装物品，很感兴趣。

无论何时都在观察巴黎女人！

Yoko et les plaisirs de la vie à paris

距离巴黎最近的德维尔（deauville）海岸，因为是电影《男与女》的拍摄地而闻名。

假日里，前往法国的其他城市，或荷兰、英国、西班牙等地，比较欧洲的建筑形式。

邀请几个志同道合的朋友，招待大家品尝「热拉尔·穆洛」（Gérard Mulot）的美味。

大人的游乐场，欣赏歌剧，观赏芭蕾舞，

服装、舞台、观赏者……所有这些都成为我（创作）的灵感。

热拉尔·穆洛（Gérard Mulot）
http://www.gerard-mulot.com

3ème CHAPITRE

Part 03

巴黎的传统造型

Nouveaux Styles Classiques

Les Sautoirs à petits prix

Petit prix 项链

　　左页图中，以珠珠为主体进行设计的项链，是每个巴黎女人都想拥有的时尚伙伴。我自高中就开始素描西方的雕刻和现代日本女性的裸体，学习造型学，我发现西方人的头部宽幅很窄，但是很立体，而日本人的脸宽且扁平。也就是说，如果从正面看的话，西方人的脸看起来比较小。

　　巴黎女人很好地利用了项链进行装饰，使服饰与各种脸形都能完美匹配。她们擅长在 Petit prix 找到最适合自己的项链。

　　当然，虽说西方人有着立体小脸，但并不等于她们适合一切，因而大家都在 Petit prix 的商店 claire's 和 H&M（参见 66 页）对着镜子试戴，认真地挑选适合自己的那一款。其中 AGATHA 是适合姐姐们的品牌。

claire's
http://www.claires.com/
AGATHA PARIS
http://www.agatha.co.jp/

在 Petit prix 寻找最适合我的那款项链

我　　　　　　巴黎女人

这款项链将脖颈，特别是较短的脖颈突出作为重点展示，对我不利，让脖子看起来不好看。

脖颈的长度和项链到脖颈的距离相等，同比例看起来很好。大大的眼睛与脖子上的珠子还形成呼应。

这种项链戴起来比上面那幅图中能起到拉长脖颈的作用，很清爽。同时不强调脸盘的大小，非常适合化淡妆的脸。

精致的面部宽度很醒目，使首饰的存在感差了些。胸部很漂亮，但是受项链的影响好似外扩。就只能说是有些许生动吧。

QUEUE DE CHEVAL DÉFAITE

绑得松松的马尾辫

巴黎女人的基本发式是马尾辫。不是紧紧的那种，是故意弄乱的那种样式。可以说，从来没有见过梳得特别整齐的发髻。清爽垂下的碎头发，比起特意烫出的卷发更透着自然与性感，而在其中我们可以窥视巴黎女人自己的调整方法。

为了不让自己的路线走向邋遢，最初需要好好扎成一条辫子，并不是直接绑成松松的辫子，而是绑好后用手挑出发束再弄乱。

这样精心调整过松紧的辫子，乍看起来就好像是没经过什么特别加工似的，发型很好，且达到了"若无其事＞随意邋遢"的效果。

如果要描述西方人的发质，应该是发丝很软且发量很少，或许这就是她们选择这种发型的理由吧。我曾经听美容师说，女演员碧姬·芭铎（Brigitte Bardot）的发型就是先吹出造型后再弄乱的。嗯，若无其事的背后隐藏着一番努力啊！

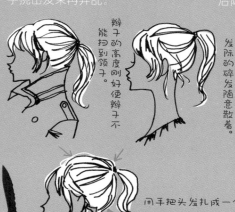

辫子的高度刚好使辫子不能扫到领子。

如果辫子扎得高，就让发际的碎发随意散着。

用手把头发扎成一个马尾辫，并在标示箭头的部分拉出一些头发，仔细检查整体的平衡性，一定要记得照镜子看看侧面效果。

对于即使扎起来发量仍很多的人来说可以烫一下，让其柔顺。

随意≠不修边幅

碧姬·芭铎也依靠马尾辫展现性感。

Maquillage nature

自然的妆容

西方人五官分明，凹凸有致，稍稍一化妆，形象变化就很大。或许是这个原因，巴黎女人平日里大多只化自然的淡妆（或者说她们是素颜更准确）。人们看到她们甚至会觉得"是不是刚起来啊"，就是这么的自然。这种"起居风格"虽然让人感到有些太过随意，但是巴黎女人就是这样的风格。

人们常常被西方人鲜明的五官吸引，忽略了她们的脸上其实有很多"皱纹"。日本温暖湿润的气候给人们提供了一种天然保湿环境，所以日本人的皮肤很滋润。但是常年生活在干燥环境下的西方人很明显角质层较厚，像是男性的肤质。也因此，她们的年龄看起来要比实际大得多。

我个人认为，正是这种不加修饰的容貌，让人觉得容易亲近，而那布满"纵纹"的嘴唇和因寒冷而冻红的鼻子和脸蛋都充满了人情味，让人不由得心生好感。

但是，夜晚或是参加活动的时候，她们会好好地打扮变身，让你不得不惊呼："喂，今天可真不一样呢！"

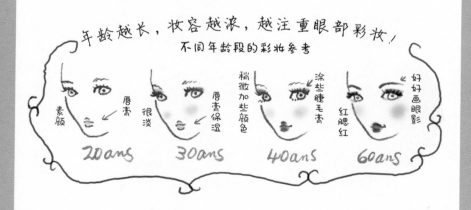

年龄越长，妆容越浓，越注重眼部彩妆！
不同年龄段的彩妆参考

素颜 / 唇膏 / 很淡 / 唇膏保湿 / 稍微加些颜色 / 涂些睫毛膏 / 红腮红 / 好好画眼影

20ans　30ans　40ans　60ans

耳环

晃来晃去的大耳环，是巴黎女人的最爱。耳环和 48 页里松松的马尾辫最为相配，是我描绘的巴黎女人身上必不可少的单品。

巴黎风格的耳环，尺寸要比耳朵还要大。或许我们会担心会不会太大了啊，但是一旦试戴，你会发现这种大的耳环给人一种安定感。

我最初是排斥这种大耳环的，对比过那些与我的肤色和发色相配的黑色、熏银的耳环，或是细的金饰、银饰后，我发现：比起直径 2cm 的耳环，直径为 5cm 的能让面庞看起来更清秀。从那以后，大号的耳环成为我的固定选择。

虽说这样，像我这样排斥大号耳环的人也很多吧。为了改变这种先入为主的印象，大家可以试戴各种尺寸、各种类型的耳环，即使是同样的材质，如果大小不同，面部感觉也会不一样。

每个季节，享受各式变化是耳环带来的小喜悦。因而，我买了大量 1000 日元以下的耳环，享受变换搭配的快乐。

设计相同但是尺寸不同的套装。

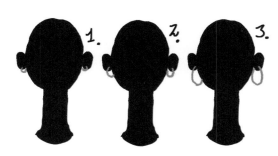

耳环的直径大的话，就会让脸看起来变小了。

1

2

3

真实的笑容

　　左页图中描绘的是不同时期见面的不同印象: 1是第一次见面, 2是第二次见面的时候, 3是变得亲近之后。

　　日本是从最初就开始笑脸相迎的吧? 如果说我们最基本的表情是微笑的话, 那么巴黎女人的基本表情就是没有表情。对于习惯了"笑脸社会"的人来说, 感觉她们好像是生气了。或许是由于这个原因, 其他国家的旅行者对法国人的批评较多。

　　如果已经习惯了巴黎女人"珍藏"笑容这件事, 那么一旦看到了平时不随意表现亲近的笑脸, 你就会印象非常深刻。最初, 我的法国友人们不轻易展现笑脸, 而如今每次见面都笑脸相迎。随着时间的推移, 人们越来越了解, 距离也越拉越近。我会知道这样的友人的笑脸不是客套的笑脸, 而是可以让人放心的, 因为我们的关系加深了, 这个笑脸不会说变就变, 不会让我不安。

　　而且随处给人笑脸的话, 还很容易招致误解。

　　笑脸, 是快乐的、心情好的时候才展现的。如果能等到对方自然地对你露出笑脸, 那么即便是语言不那么流畅, 也能充分交流。

微笑后是脸颊与脸颊的接触, 是轻轻地像吻颊一样的触碰。

通过脸颊的温度, 你也能多少了解一些对方的身体状况。"ca na?"(还好吧?)这样的语言也就脱口而出了。男女之间也是以触碰脸颊代替寒暄。

Ongles courts et Vernis rouge

短短的指甲 & 红色甲油

巴黎女人的指甲一般修饰得很简单。我深入观察过巴黎女人的指甲，几乎很少看到有人做美甲的，绝大多数的人们选择将指甲修剪得比较短，涂上红色或暗紫红色的指甲油。我仔细观察了法国杂志或广告中模特的手指，发现七成以上的人选择短短的指甲搭配红色或暗紫红色的指甲油，或是可爱的粉色系

的法式指甲油。因此，指甲造型的各种变换主要依靠丰富的红色系。

因为原本指甲自然的颜色便是粉色，所以作为拓展色的红色系会让指甲看起来健康而自然。暗紫红色是最受欢迎的传统颜色。即便同样是红色，我们也能从中感受微妙色差带来的快乐。

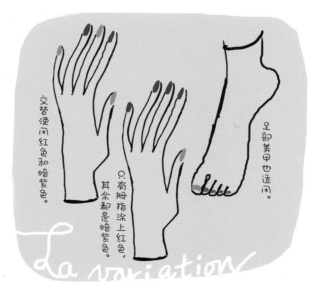

交替使用红色和暗紫色。

只有拇指涂上红色，其余都是暗紫色。

足部美甲也适用。

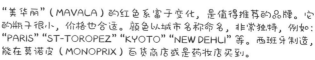

"美华丽"（MAVALA）的红色系富于变化，是值得推荐的品牌。它的瓶子很小，价格也合适。颜色以城市名称命名，非常独特，例如："PARIS""ST-TOROPEZ""KYOTO""NEW DEHLI"等。西班牙制造，能在莫诺皮（MONOPRIX）百货商店或是药妆店买到。

Pour
la Soirée

夜晚变装

　　巴黎女人通过化妆、更换时尚单品来实现日与夜的转换。"夜晚要是别样的容貌，变换别样的装束，进行心情开与关的转换"，如此想来，我便能轻松地享受其中的乐趣。

　　只要是在巴黎市内活动，只要有20~30分钟的空闲时间，巴黎女人便会在工作结束后返回家中更换服装。夜晚出门之前，会将通身上下都做一个改变。

　　观察巴黎女人夜晚的穿着，你会发现她们会穿上性感的露肩缎纹连衣裙，带上金属片材质的手包，华丽出行。变身是最重要的，是不是名牌产品，价钱多少都没必要在意。

　　过了11点后，咖啡店里会打开夜间照明设备，一派浪漫氛围，在音乐中，人们一边喝着鸡尾酒一边兴高采烈地聊着。当然了，恋爱中的情侣也在这里……由于没有游客参与其中，你会感受到巴黎夜晚的真实面貌，真是让人兴奋。

　　当然了，如果没有换装时间的话也不要太在意。朋友之间相互认可是非常重要的。

酸奶是每日的必备，香草味的
酸奶中加入了豆类。

忙的时候，
买来作午餐。

与日本方面的
对话选在上午
进行。

早上
5:30
起床。

7:30 开店时
刚刚烤好的面包。

读原稿的时候喝点星巴克的咖啡。

一定会确认天气情况。

甜面包圈和卡布奇诺（不加奶加豆奶）。

图解很漂亮，可以作为参
考。播报新闻的不是漂亮的
姐姐，而是夫人或是先生。

下午：外出、杂事
　　　有时去语言学校。

克莱尔·方丹（CLAIRE
FONFAINE）的纸非常
便于绘画，像是被漂白
了一般，非常白的那种
最好。

Le quotidien de yoko a paris

阳子（YOKO）的巴黎一日 · 法风餐

　　由于时差的原因，我从早上5点半开始工作。先在电脑上画图，然后通过邮件传送回
本。下午我会充分保证一个人独享的时间来吸收异国文化和学习语言。因为非常想要接触
国的饮食文化，所以很少吃日本菜。早上我一般吃羊角面包搭配橙汁或酸奶，中午吃三明治
晚上是沙拉，主菜是肉或鱼，主食是意大利面。下午茶我常吃甜点。

因为偏爱甜食，所以每天吃很多甜点。

控制卡路里的甜点。

减肥时喝牛奶。

下午5点，前往超市，

包装袋上有井美尔画像的甜点。

在传单上确认超市的物价。

糕点在里面。

由于欧元升值，什么东西都很贵。

下午 7:00

沙拉 & 意大利面加橄榄油、柠檬、盐巴少许

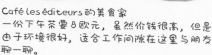

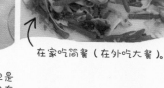

Café les éditeurs 的美食家
一份下午茶要8欧元，虽然价钱很高，但是由于环境很好，适合工作间隙在这里与朋友聊一聊。

在家吃简餐（在外吃大餐）。

café Les éditeurs
http://www.lesediteurs.fr

Part 04

巴黎女人的 SHOPPING

L'essayage

试穿

衣服、鞋子、首饰……在巴黎，只要是能穿上身的东西，都能够试穿。衣服，可以从各个角度检查是否合适，如尺寸是否合身，款式是否适合自己……鞋子，可以让店员拿出鞋子的全部库存来，一定要两只脚都试一试。我总是想："这样随意试穿真的可以吗？"

不过想来，就和"人各有不同"是同样的道理，尺寸，根据商品的不同也各有不同。即使我认为自己应该穿 M 号的，但是有的商品就是例外，不试穿的话没办法安心购买。

最初，不想浪费时间，800 日元左右的贴身背心不试穿就买了，现在我也像是得了巴黎女人的真传，不试穿绝对不会买。

她们宛如将试穿视作一种"义务"。我将细致试穿的巴黎女人的专注神情作为"素颜的巴黎女人"中的一个场景画了下来。

排长队等着试穿

提示最多只能试穿 5 件商品的牌子。

CABINES

H&M（参见 66 页）的傍晚，星期六至少要等 30 分钟，但谁都不会焦躁，也不会抱怨，都整齐地排队等候。

即使只试一件衣服也得

人，因此退回商品挂了一排。

T 恤似的上衣也可以试穿，试穿 M、L 两种尺码。

内衣自然不必说

当然会有试穿后什么都不买的

在选定鞋子前花费大量时间

各种不同的尺码

即便从旁观的角度来看非常合适，但是细致比较后却决定不买的巴黎女人。

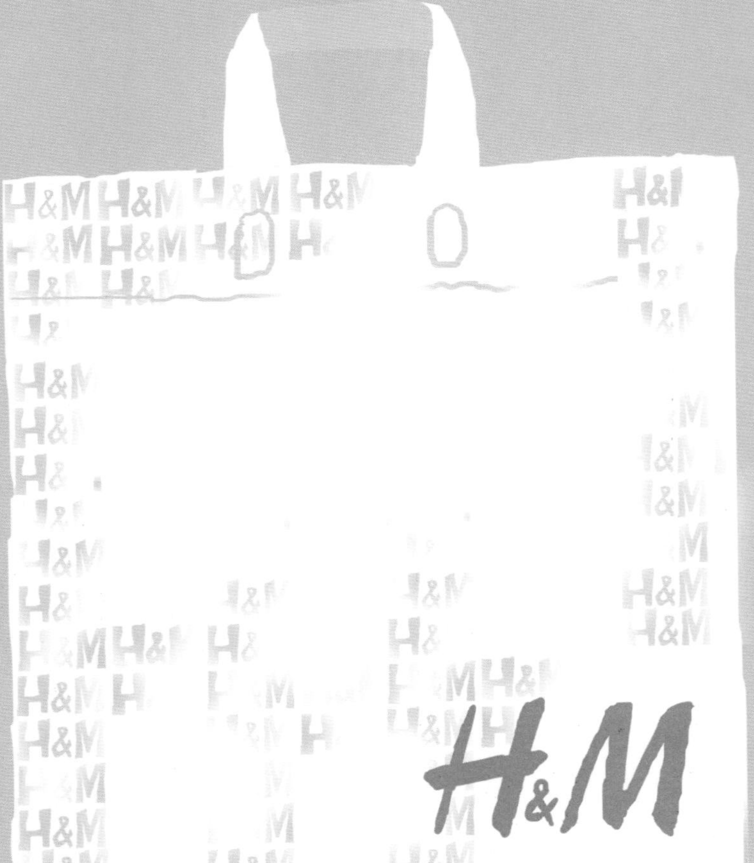
H&M

H&M

H&M 很受欢迎。从零用钱有限的学生，因物价太高没有余钱买洋装的妈妈们，到有财政困难的名人……这里聚集了酷爱时尚的人们。这里每天都有新品上市，宛如物流中心一般汇集了大量单品，且价格便宜。它们的理念是"总有一件适合你"，在这里购物宛若探宝一般……

店铺的卖场面积都很大，但是诚如 65 页中介绍的，试衣间总是很拥挤。特别是周末或晚上，想要试衣服就要有充足的时间。一件一件地看完前行，排队等着试衣，然后再排长队付款，最终付款完毕时竟有说不出

的成就感……店员会把左侧图示中的袋子交给疲惫却满足的顾客。

如果说日本的厂家提倡"质优价廉的商品"，那么 H&M 的目标则是提供"让您尽享快乐的低价商品"。同样的款式，这里不但会提供各种各样丰富的颜色，还会将设计做细微的改变。与 Viktor & Rolf 联手打造的商品备受瞩目。电视中的新闻报道说，新品一经上市，首日即被抢购一空。

在 H&M 购物不需要花费大价钱，但是需要付出时间和开动脑筋。这里没有店员提供意见，只能自己好好思考，一点点地成为试穿达人！

立刻就卖光的"维果罗夫"Viktor & Rolf 合作的束腰大衣（现在买不到了）

推出当日很快就能在街上看到有的太太穿上了身。

99美元

H&MH&M H&M

（我的部分战利品）

各约2美元。

电影《塔罗牌杀人事件》里，斯嘉丽·约翰逊穿的同款，39.9美元。

全身只要一万五千日元。

吊带贴身衣大约15美元。

大约25美元。

大约10美元。

棉柜（Comptoir Des Cotonniers）

妈妈、女儿都能穿的法国的品牌。设计简单但是能不可思议地融入时尚的元素，优雅而富有女性魅力。Comptoir Des Cotonniers 的衣服"乍一看不起眼，但是懂得的人能看出门道，那是穿在身上就能显示出差别的服饰"。它具备抓住法国人心的要素，所以单单是巴黎市内就有 31 家分店。说你遛狗都能看到有人穿着 Comptoir Des Cotonniers 也不过分。

只要你穿一次，你就会注意到它的剪裁。颜色是大地色居多，因此不会特别显眼，但剪裁的效果特别好。这家的衣服看起来品质很好，但却不会漫天要价，价格很合理。我购买的大衣、针织衫、包包等，用了很多年还在用。

因为这是不凸显自身而让穿衣人成为主角的服饰，所以在巴黎女人中它的支持率非常高。如果想要变身巴黎范儿的着装，这是首先要推荐的品牌。

这是现实中亲生母女一起做的系列广告。这不是日本那种"亲戚朋友"串通一气的作秀，而是真正的法国式女人 Vs 女人的感觉。

ZARA

ZARA 是西班牙的品牌。在日本的店面也很多。东京有 11 家店, 巴黎市内竟然有 22 家, 是东京的 2 倍。如果从各个城市的面积来考虑的话, 你就知道 ZARA 在巴黎有多受欢迎了。香榭丽舍大街、圣日耳曼、歌剧院等地自不必说, ZARA 还在百货商店租了店铺, 也就是说无论你在哪里都能在附近找到 ZARA。

在季节交替的时候, 如果你还记得身着最新一季服装和靴子走在街上的巴黎女人的身姿, 你会发现其中 ZARA 的新品非常多。领先于季节的

商品, 你首先到 ZARA 来物色的话, 就会以你可以负担的价格买回心满意足的商品, 做个引领时尚潮流、有女人魅力的时尚达人。ZARA 的商品牢牢地抓住了巴黎女人的心。

你可以漫无目的地透过橱窗向店内张望, 也可以进入店内仔细挑选, 还可以看到有喜欢的单品就去试穿。但是如果犹豫就先别买了（因为附近就有 ZARA 的店, 没必要着急）。

回到日本后看杂志中拍摄的巴黎, 我发现原来 ZARA 有着和 H&M 一样的高穿着率。

明亮的粉色春款外套让你走在季节的前沿。

在冬季还未完全结束的 3 月, 已开始上演春天的戏码。

ZARA 的坡跟鞋

店铺在雷恩路（Rennes）上美丽的新艺术派建筑里。

ZARA http://www.zara.com/

大甩卖

一年冬夏两次的大甩卖可以说是全民参与的大活动。随着大甩卖时间的临近，基本上已经没有买东西的人了。店铺即使正在营业也在准备大甩卖的商品。如果你稀里糊涂地选在大甩卖前去购物的话，很有可能店员们没有时间接待你，因为都在为准备大甩卖而忙碌着。这是就所谓"开店歇业"，挺有意思的吧？

甩卖首日，早上你走上街头就能感觉到到处洋溢着紧张与激动。手中提满战利品的女人是欢快的。她们会尽快买下之前（特别是大甩卖前一天）已经选好的商品。

如果超出预算的话，可能就买不了渴望已久的名牌商品了，因此，首先需要确认好。随着时间的流逝，价格会下降，这多少有点赌博的意味。我经常考虑："现在是不是出手的好时机呢？"这种选择的刺激使得法国人对于大甩卖充满了热情。

"LE BON MARCHE"是我甩卖当天便想去的百货商店，内衣卖场还有试衣间，你可以从容优雅地挑选，强烈推荐！

甩卖首日便提着大量购物袋满意而归的人们。

这一期间，各个商店都在陈列品上下足了功夫。

73

垃圾箱

　　巴黎女人之所以给人留下"时尚"的印象,那是因为她们"知道自己不要什么"。

　　在日本,总觉得没机会扔东西,而且便利店等很方便就能买东西,东西总是增多——我们一味地"增加",反倒不擅长做减法了。

　　在巴黎,垃圾车每天都来收垃圾。我看到很多人将日用品、衣服等作为垃圾扔掉,平常总听到这样的评价——"巴黎人对东西特别珍惜,总是修了再用,甚至有些小气"。在我的印象中,"不轻易出手,仔细斟酌、购买后珍惜对待"也是巴黎人鲜明的消费特性。所以看到巴黎女人随时整理自己的存货(服装),然后果断地扔进垃圾箱……这真是出乎我意料。

　　往返于日法之间,我发现自己"好像很喜欢荷叶边、蕾丝和缎带"。以前只是作为突出点(装饰),现在好像有升级的趋势。这种时候,尤其需要复习巴黎女人注重整体线条的穿衣方式。我的目标是"法式优雅"。

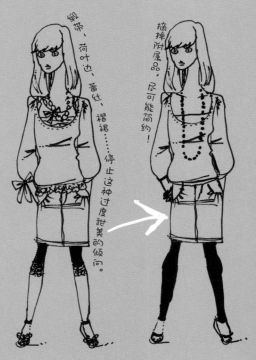

缎带、荷叶边、蕾丝、褶裙……停止这种过度甜美的倾向。

摘掉附属品,尽可能简约!

这些都是在巴黎过于显眼的、格格不入的、不穿的单品。"对不起了!"一边说着,一边硬下心肠把它们扔入垃圾桶。

Part 05

巴黎的每一天

Paris au quotidien

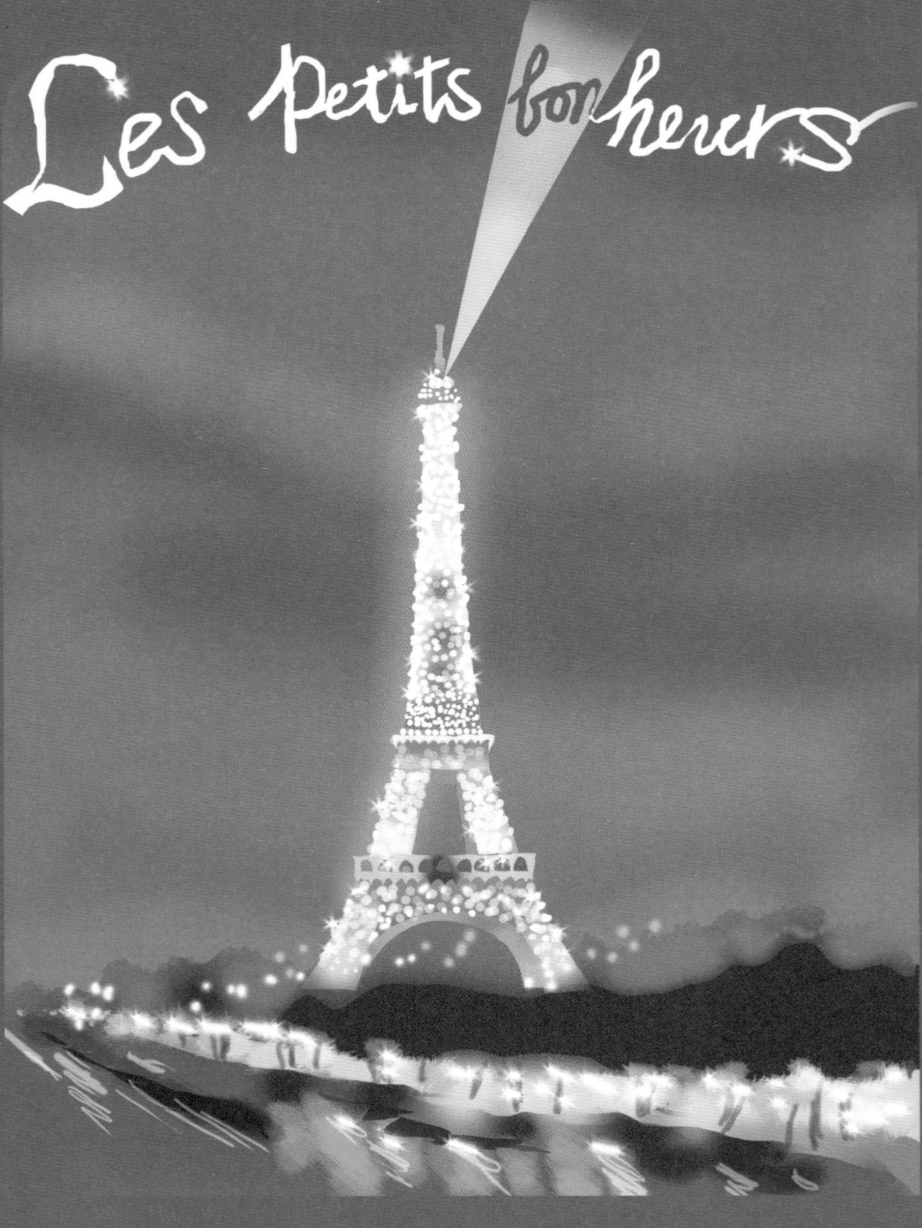
Les petits bonheurs

小小的幸福

好像每天都会有新的名胜或是新的商品诞生，即便是对于从不缺新闻的日本来说也是令人兴奋的。但是有些遗憾，巴黎人民似乎并不期待这些。他们这里到处都是"小小的幸福"。

有一次，我在路上走着，突然在商业区的墙壁上发现了一块马赛克的牌子，上面写着"poissonnerie"（鱼市）。于是我问给我介绍的法国友人："这里从前是不是鱼店啊？"她笑着惊呼："阳子的观察力真是惊人！"这就好像是猜谜猜到了正确答案，让人瞬间变得喜悦。

我在这一年中，如果为感到幸福的瞬间排序，那么前三名如下：

（1）在横渡塞纳河的途中，看到了1个小时内只进行一次的埃菲尔铁塔闪灯。

（2）在面包店买到的是刚出炉的热乎乎的长面包。

（3）偶遇熟人，互相亲切地问候"还好吧"。

无论是哪一种都不需要花费金钱。是的，巴黎是这样一座城市，在这里，只要你有心，那么无论是谁都能平等地感受幸福。这样的"小幸福"一点点累积，就成就了丰富的内心。

如果有客人来巴黎，那么我会在他行程最后一天的晚上11点，带他来埃菲尔铁塔。当那铁塔上的灯瞬间闪亮，就会听到"哦——"的喜悦欢呼声。

发现是一种小小的幸福

偶然发现的马赛克的道路标识。

16.Arr
AVENUE
PAUL-DOUMER

喜欢的餐馆的玻璃杯上有猪猪的图章。

Le café en privé

独享咖啡

坐在咖啡厅中，只点一杯浓咖啡，这里就能成为你的沙龙、办公间、学习区等。同样的饮品，会随着你座位由吧台向室内席位、露天位置的移动，价格逐级升高。换句话说，饮品的费用＝场所费用，这样理解起来可能更容易。"Un café et un erre d'e un verre d'eau s'il vous plaît."表示"请给我一杯咖啡和一杯水"（水免费）。（比起因为难以选择而烦恼，不如在进店之初就做出这样的决定，当服务生问你时就简单明了地下单！）

我想向大家推荐的是，在点完单后，选择露天位置中最喜欢的位置，然后一个人随心所欲地观察周遭的一切。即便是来此地旅行，那么也请一定空出一段时间来。或许会有有个性的人（也可能是狗狗、鸽子）从身边经过。

这段时间即使有法国大叔或小伙过来搭讪也不要紧，你只需稍稍应付一下，只要把你的包贴身带好便能享受沉思的快乐。

如果你观望够了，咖啡也喝光了，只要杯子没有被撤走，那么你还可以继续尽情享受一个人的时光。即使是已经结账了也无须担心。

一点一点地喝着水，然后试着什么也不要去想。过去忘却的事情、某一个瞬间、家人和恋人等很多事情会在脑海中浮现。这种时刻是巴黎的最好的礼物。不知道为什么，人在眺望美景的时候更容易发现最真实的自己，厘清思绪，看清自己真正想要的。或许就是为了这份感觉，露天席位的椅子都面向外一字排开摆放着，一坐下就可以很自然地欣赏美景，舒展身心。

巧克力是香浓的，冬日里一定要点它！

有很多人坐在那里什么都不想，对于忙碌的现代人来说，这种充电是必要的。我喜欢的一个圣日耳曼的咖啡馆"LES DEUX MAGOTS"就是典范。

一个人泡咖啡馆时的推荐饮品

小咖啡杯里装的是意大利蒸汽咖啡（有带巧克力的）

浓咖啡＋牛奶

Chocolat chaud

Café (espresso)

Noisette

Café allonge，是意大利蒸汽咖啡兑上热水，这样不但不苦，量也翻倍。日本人很喜欢这种。

咖啡我推荐特苦的！

Café allongé

81

闲谈咖啡店

巴黎的咖啡馆就如同日本的便利店，是生活中不能缺少的场所。咖啡店从早上开始营业到很晚。

咖啡店中，一天的不同时间段有不同的"表情"。早上，店里弥漫着羊角面包的香气和牛奶咖啡的柔和蒸汽。吧台处着急的大叔和巴黎女人们站着喝牛奶咖啡。

午饭后，学生们在这里做作业。最近，来提供无线网络的咖啡馆上网的人也很多。晚上，从早上开始劳作的大叔们总算完成了一天的工作，聚在吧台处一口一口地喝着啤酒，与店内的熟人轻松地谈笑着。18:00—20:00，店里供应开胃酒。这是与友人小聚的最好时段。

露天席位很密集，虽然和邻座的距离很近，但是大家都专注于自己的话题。当与友人交谈时，邻座的情侣会突然开始接吻，作为大人的应对方式，我们连相关话题都不会提及。但是，也发生过讨论萨科齐总统结婚这个话题的时候，邻座的女士忍不住一起笑出声来的事……

如果你想要制造一个与友人会面的机会，哪怕很短，都可以好好利用咖啡店里的聊天时间。

啤酒、基尔酒、葡萄酒、稍稍浓郁一点的香槟……你可以随意选择，店家会提供一些油橄榄、坚果作为下酒菜。如果是不含酒精的饮品，例如可乐、柠檬水、薄荷露兑水等，人们也不会一饮而尽，而是一口一口地喝着。

闲谈咖啡店我推荐"Biere blanche"。特别是他家浮着柠檬的口感柔和的白啤。

从 2008 年开始
全部座位禁烟。

从恋爱、政治、电影观感到生活近况，
巴黎女人们表情丰富地聊着，讨论着。

晚餐

法国人能充分地利用晚餐时间进行交流，这本事真是让我服了。太能聊了！那聊天的嘈杂声仿佛成了餐厅的背景音乐，安静的时候几乎就没有。

在日本时，我常推荐相亲或是初次约会的人去吃优雅的法式晚餐。因为法式菜肴的程序，所以可以让人充分交流。点好前菜和主菜后，接下来的时间可以沉浸在不被打扰的聊天之中。机灵地选择上菜时机是法餐服务生必备的能力，你完全不必担心谈话被打扰。主菜过后，如果还有余量，可以吃些奶酪、甜点，

最后是咖啡……这一番程序走下来很花时间，自然而然就对彼此的情况心中有数了。

如果是在日本小酒馆，女性需要帮忙挑酒，分盘子，认真地撤盘子……如果是这样的话，谈话会多次被打断。吃法式菜肴就不必有这种担心。此外，倒酒的会是男性或是服务生，女性可以很轻松了！

既不拘谨也不装腔作势，可以更优雅地享受。注意，餐馆的照明非常重要。微暗的橙色灯光可以让菜肴或脸色更好看。

★某日饱腹&满足的点餐★

红酒 询问了店家的推荐

开胃酒 含羞草 香槟兑橙汁

前菜 陶罐菜

主菜

鸭肉配上土豆和橘子味沙司

海鲜或是蔬菜

咖啡

崇拜那些使用画中都动作优美的人。

甜点

奶酪 盛在一起少许

苹果柚子夹心卷 配上香草冰淇淋

巴黎的餐馆和小型法式餐馆的营业时间分为午餐时段和晚餐时段。和全天候营业的咖啡店不同。此外，不同的还有，餐馆为了不让外部窥视其中，放下了窗帘。但它的菜单一定会贴在外面，你可以看看菜肴，再向店里张望张望看是否喜欢那里的氛围。

Diététique Positive

积极心态面对减肥

这世上应该有很多人在努力减肥。在日本，有众多减肥信息。因为职业原因，我做过很多与减肥相关的工作，事实上也全都试验过。当然，减肥者中有成功瘦身的，也有逐步升级患上卡路里恐惧症的（持续下去就是死亡）。

然而，在巴黎，人们普遍是胖的！食品一人份的量也比东京的多，同时土豆、面包、红酒、奶酪、黄油等又便宜又美味。如此一来，在日常生活中减肥几乎是不可能的。

来到巴黎后我意识到：不过于神经质，保持能够畅快健康生活的最佳体重就是最好的。

巴黎女人，还是比日本女子相对胖一点的。即使是只吃沙拉（不吃主菜）减肥的人，也会点很多甜食。还真是随性啊！苗条漂亮的人，微胖漂亮的人，各自保持着健康所需的最佳体重，都是魅力非凡的。所以即便在意体重也别过于计较。请选择过"以积极心态面对减肥"的生活吧！

晚餐，吃着超高卡路里的食物

饭后，让人吃得心满意足的大块甜点

饼烤肉三明治。

棒一NV＋ELLA一奶味薄

黏黏的巧克力＋西洋

起来有小山，堆像是肉＆土豆50克。看得

看起来好好吃啊！
（实际上就很好吃）

向冻糕，柚子夹心蛋糕中加入大量的鲜奶油，看起来超美味，吃起来超过瘾！

苹果是既能做主食又能做甜点的万能减肥食品。水也是减肥的好伙伴。你能看到街上有很多人一边快步急行，一边吃着苹果。

休假日

假日、节日里，几乎所有的店铺都关门歇业。或许有些人就会想"看起来他们是无事可做啊"。不不，不是这样的，那是因为巴黎人认为"假日就应该享受假日独有的乐趣"。

上午，乘坐地铁，去跳蚤市场看一看，会很有趣。下午，到卢森堡公园的草地上坐一坐，用刚才在市场上买来的面包夹上奶酪、火腿做午餐。

塞纳河畔，一片悠闲与祥和。塞纳河上的艺术桥是步行者专用。因为是木质结构的，所以有的年轻人索性在这里席地而坐，晒起太阳来。

此外，虽然店铺歇业了，但橱窗还是开放的。你可以仔细观察喜欢的店铺。即使看到有的店铺还在营业，巴黎女人也不会去购物的。因为看过

电影之后，她们要到咖啡店去喝开胃酒、聊感想。面包店都是营业的，可以买长面包回家，晚上稍稍吃点晚饭后就早早地上床休息。

休息日就是快乐多多。因为不购物，所以喜欢的食物和场所会留下记忆。如此一来，就会生出美的感觉。

在卢森堡公园看玩耍的孩子们，这也是一种快乐。

透过窗子仔细观察。

艺术桥 PONT DES ARTS 的夕阳令人感动。

在草地上吃午餐。

恋人的休息日。

公园中没有狗狗，所以不用担心"粪便公害"的危险，GOOD!

89

市场

巴黎的风物诗便是 marche（市场）。虽然这个单词听起来总让人觉得有些费解，但是如果说成"有各种专营店、特设帐篷的商业街"或许就好理解了。

这里摆放着日常实用的商品，你能一边与店主大叔闲聊一边购物。市场购物篮好像和昭和时期的购物篮是一样的。在市场上你还会看到提着连续使用了 10 年左右的旧篮子来购物的老爷爷老奶奶。常在地下商场、百货商店购物的人们，或许对这种怀旧的场面司空见惯了。对于小女孩来说，这里可能是一处充满新鲜感的场所吧？

五颜六色的鲜花、蔬菜给我们以视觉冲击，烤鸡肉那扑鼻的香气给我们以嗅觉的诱惑，谈论的喧嚣给我们以听觉的刺激，试吃给我们以味觉的惊喜，手中那凹凸不平的土豆给我们以触觉的体验……可以说，市场是刺激五感的场所。磨炼五感与磨炼时尚感是相关的。市场与时尚，或许就是亲戚的关系。

巴黎有 80 个市场，即使只是参观，也能体验节日集市的氛围，因而市场的游客很多。

有机生鲜市场 Marche Raspail Bio（星期日营业）。这里最适合穿着体面的夫人和先生。此外，还有商业风的常设市场 Marche Mouffertard（星期一休息）值得推荐。

Le panier

（篮子）

有细微变化的市场购物篮。虽然购物篮也有单肩背的和小号的，但是篮子还是很大，提手较小的平衡感比较好。你在穆夫塔尔（ouffetard）市场能够找到它作为纪念品。

环保

回到日本后，我开始不认同商家的过度包装——往往会包上两三层，甚至是购物袋外面还要套上塑料袋……

在巴黎的生活中我基本上没攒下塑料袋。因为超市提供的免费购物袋非常地薄，质量远不如日本的袋子，如果放入1ℓ以上的牛奶、水、橙汁的话，就很容易破掉。有时，购物袋还会缺货。因此，人们不得不自备环保袋、篮子、手推车，也就必然要过上环保的生活。

"MONOPRIX" "Champion" 等超市，有3种收费的袋子。价格在100日元左右，很轻便且设计也很漂亮，所以我买来做纪念品。购买的时候，袋子就在收款台的下面或是旁边，也可能被撤到附近了，你只需将所购商品和袋子一起放在收款台即可。我将"向塑料袋说NON！"的女性称为"环保女士"，秘密颁奖。

环境不同，习惯也不同。高档商店用漂亮的包装。超市等量贩店主打"价廉"，所以包装也相应地简单。这是很简单的比例结构。或许，是我们把什么都弄得过于高级化了吧。从今往后，我要做一个能正确使用环保袋的"环保女士"。

立志做"何塑料袋说NON！"的环保女性

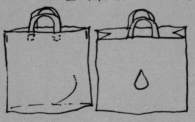
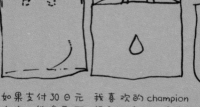

免费的塑料袋极薄，能看得到内部。

如果支付30日元左右，能拿到可以放心装物品的塑料袋。

我喜欢的champion超市的特大环保袋。就放在收银台的旁边，你可以结账时一起算。

100日元左右的MONOPRIX的尼龙袋。因为可以折到很小，所以非常方便，你也可以买来当作纪念品。

面包店会将羊角面包放入一个薄纸袋，然后拧上两端，简单包装。以前的蛋糕店不是将蛋糕、柚子夹心蛋卷装入盒子，而是将其用包装纸包上。

MONOPRIX
http://www.monoprix.fr/

从 "拒绝" 开始

便利，快速，正确！当我从如此体贴入微的日本搬到法国后，我发现这里的 "拒绝" 很多。

在巴黎生活，就不得不从习惯 "被拒绝" 开始，接下来还要习惯 "等待"。你可能会在某段时间里连续被 "拒绝"，但那并不是对你本人的否定，只是单纯的时间上、条件上的不支持，而非交际中有隔阂。你也可以拒绝别人，别人也不会要求你必须怎样怎样。所以，在巴黎为人行事，就如同现在这明朗的天气，大家都直接、干脆。

如果能够正确接受 "拒绝"，

那么就会变得更坚强，想法也会变得更有建设性，也不会觉得泄气了。或者这样说更好——无论是什么，如果过分累积的话，都会 "爆胎" 的，"拒绝" 是对彼此都好的选择。在精品店，店员对我说 "没有您要的商品"，让我松了一口气——在我自己最终下定决心之前，对方给出了答案（解救我于纠结之中），真是帮了大忙了。

现在，我觉得对于心中装了太多事情的人来说，遭到 "拒绝" 或是挫折也不赖嘛。因为这会促使你开辟出另外一条道路来。

在这里被拒载是理所应当的。午餐前，司机师傅说因为肚子饿所以不能前往，这样被拒绝的事情也有！司机师傅也有自己的安排。因为这些原因，事情不能按计划实施，这就是巴黎。理解了这些，我变坚强了。

有天早上的事情

欢迎回来

在这里停车，我立刻就下车。

非车站处的临时停车。在车门要打开的瞬间，狗狗向司机叫着打了一声招呼。就好像是早上的习惯一样，在外面等候的狗主人和这位女性驾驶员互道了一句"bonjour"（早上好）。我们其他的乘客不会因此抱怨，都很平静地接受了上面的事。

在超市里发生的事

超市里的字太小了，中学生为花眼根本无法阅读的老奶奶读了说明书并告诉她价钱。

平常的事

在地铁等场所的出入口，为下一个人带一下门（让门继续开着让下一个人通过）是基本的礼貌。

Merci

价签上的字太小，老人有时会让年轻人帮着念一下。

虽然自动门很少，但是可以通过人工让其变成自动门。

轶事·时尚之都的人情味儿

　　如果有老年人、残障人士、孕妇、女性需要帮助，在场的人都应该责无旁贷地施以援手。外出时，经常能看到人们自然地帮助别人的举动。这让我觉得，人不能只在意"穿戴"，更应该在意周围的"人"，这才是真正的时尚。

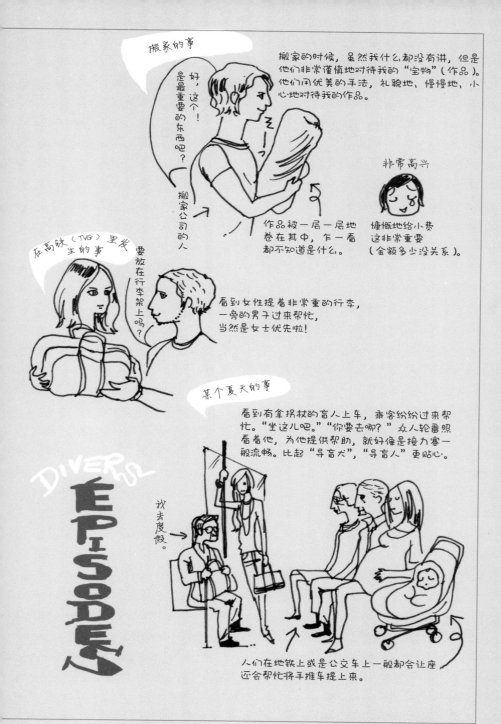

搬家的事

好，这个！是最重要的东西吧？

搬家公司的人

搬家的时候，虽然我什么都没有讲，但是他们非常谨慎地对待我的"宝物"（作品）。他们用优美的手法，礼貌地、慢慢地、小心地对待我的作品。

非常高兴

作品被一层一层地卷在其中，乍一看都不知道是什么。

慷慨地给小费这非常重要（金额多少没关系）。

在高铁（TVG）里发生的事

要放在行李架上吗？

看到女性提着非常重的行李，一旁的男子过来帮忙，当然是女士优先啦！

某个夏天的事

看到有拿拐杖的盲人上车，乘客纷纷过来帮忙。"坐这儿吧。""你要去哪？"女人轮番照看着他，为他提供帮助，就好像是接力赛一般流畅。比起"导盲犬"，"导盲人"更贴心。

DIVERS

ÉPISODES

我去度假。

人们在地铁上或是公交车上一般都会让座，还会帮忙将手推车提上来。

6ème CHAPITRE

Part 06

珍藏的巴黎

Les petits plaisirs

1 janvier
Épiphanie 主显节

可以在 boulangerie（面包店）买到好运烤饼。

纸质王冠

在千层派皮中加入杏仁奶油，再加入被称为 "Fève" 的小陶人。那个吃到小陶人的人便是国王或是女王，可以戴王冠。

2 Février
Saint - Valentin
情人节

人们会交换心形的点心、鲜花等礼物。

3 Mars
Pâques

4 Avril
复活节

每年时间不定的节日，这时候商店里会卖兔子、鸡蛋形状的巧克力。父母会在家里让孩子们寻找被藏起的巧克力。

5 mai 母亲节
Fête du travail

小摊上会售卖小束的铃兰。这个时候是欧洲七叶树和丁香花绽放的季节。母亲节的花束要数牡丹最美。

6 juin
Fête de la musique ♪
音乐节

音乐节当天，道路上有各种各样的演奏，非常热闹。夏季大甩卖开始了。

7 juillet
Fête Nationale
国庆日

7月14日是革命纪念日这一天会有游行和烟火表演。度假准备 & 出发。

8 août 8月长假
Vacances

真正的度假季节。巴黎城空荡荡的，大家都前往塞纳河畔看海边演出 "pairs plage"。

Paris plage

9 Septembre
Rentrée 开学季

新学期。文具店里都是学生。新学期使用的笔记本一字排开。

10 Octobre
Nuit blanche
白夜节

这一天将举行艺术、文化的仪式直至天明。

11 Novembre
Illuminations
11月圣诞季灯饰

灯光装饰让街道五彩斑斓。

12 Décembre
Noël 圣诞节

礼物商战。Buche de Noel 是庆祝的蛋糕。

Nöel

LES FÊTES du CALENDRIER

庆典活动

　　一年之中，巴黎有很多传统节日庆典，以及市政府主办的各种活动。可以事先通过网站或海报了解情况，如果突然遇到，就当作惊喜吧。

　　为季节增添色彩，是这些庆典、活动的重要目的。春季，室外的活动变多了，冬日里略显萧条的公共场所很快热闹起来。从秋天开始，看舞台剧，听歌剧，看芭蕾演出，活动丰富，室内的快乐随之增多。白昼渐短的冬日，人们容易变得忧郁，灯光装饰能让城市更明亮，振奋人们的精神。

　　所有的活动都可以和家人/恋人/好友一起度过。此外，在活动中也更容易交到新朋友。

　　最让人情绪高涨的是足球世界杯。运动主题的酒吧自然是热闹非凡，咖啡店里也增设了大显示屏，人们成群结队、激情四射。

　　此外，即便没有特别的活动，欧洲七叶树、丁香等路边植物也让巴黎展现着四季的变化。春天是新绿和开花的季节，夏季是树木提供阴凉的季节，秋天是收获的季节，冬季是彩灯在树上环绕的季节。

欧洲七叶树的花。

丁香树下是销售铃兰的小摊。

肉食主题的活动。

化装游行。

在咖啡店观看世界杯。

橡子帽的广告塔，上面是演出广告。

香榭丽舍大道的彩灯从2008年开始升级为新版本。

Préparation des vacances *

Parfum (香水)

Echarpe (披巾)

Robe en Soie (丝绸长裙)

lunettes de soleil (眼镜)

Maillot de bain (比基尼)

Vernis (镜光甲油)

Robe en coton (睡袍)

Bracelet (手镯)

Pochette clic (信封式手包)

Lingerie (内衣)

Ecran Protecteur (屏保设备)

Sweat capuche (连帽衫)

Espadrilles (草编坡跟鞋)

Sandales (凉鞋)

Tongs (凉鞋)

102

旅行计划

夏季度假前，巴黎的街道也变了模样。药妆店里摆出防晒霜、美黑霜、剃毛膏等护肤品；室内装饰商店里摆上了遮阳伞、吊床；百货商店或服装店里特设了泳装卖场，手推车、旅行箱等也被摆了出来。

因为是长时间休假，所以必须计算好要带的物品，然后尽可能地合理收纳。早、中、晚，不同时间要换的衣服，适合夏季戴的首饰，容易行走的靴子，沙滩鞋，防寒器具……为

了能尽量少带东西，需要开动我们的大脑。

一边幻想着度假的情形一边做着旅行准备，这既锻炼了想象力又能享受准备的乐趣。

到了7月，凹凸不平的石阶上，总能看到推着手推车准备出门旅行的巴黎女人……感觉这女人真是有力气啊！但是即便如此，在将行李搬上电车或公交车时，男朋友或是身边的男士还是会来帮助她。

白蓝条是法国风格的沙滩垫。

当地买的彩色篮子。

种类丰富。

夏季度假

远离了日常生活，心情和身体得到了彻底的放松。这是为秋季开学或开工积蓄力量的必要的夏季度假。能享受如此长时间的假期，对于日本人来说，这真是令人羡慕啊。

我这个难得休假的"可怜人"，虽然不曾像巴黎人那样休长长的夏季假，但短假期也让我乐在其中。每次休假我都会去不同的地方观光，那种非日常的假期生活好像舞台上的浪漫演出，没有外界的打扰，我可以尽情享受快乐舒适的时光。

早上的日出、中午的遮阳伞、傍晚的夕阳、夜晚的照明……你能从中切实地感受时光的流动。没有手表也没关系。

晚上的餐馆是特别戏剧化的。饭店预约的就餐时间是从 8 点开始，当地的黑天时间却是 10 点左右。因此，吃前菜的时候，天空还很明亮；吃主菜的时候，能看到夕阳的颜色；等到吃甜点的时候，天已经完全漆黑了……"啊，吃饱了。"夏季度假的快乐秘诀是只享受现在而不考虑 9 月

份开始后的烦心事。有人说"为了夏季的度假，即便是很辛苦的工作也要坚持 1 年"，由此看来此言不假。

秋天，当我看到像是被烤得恰到好处的曲奇饼干的巴黎女人时，我绘画的心思又被激发了。

晒成古铜色的巴黎女人心满意足地回到巴黎时，巴黎已然是秋季了。

上午海边热闹，下午购物中心热闹，晚上餐馆热闹。模仿善于玩乐的法国人，充分享受你的海边度假。

Petit déjeuner
（早餐）

Déjeuner（午餐）

Mes vacances d'été à villefranche-sur-mer

yoko.

法国南部

这里我想给大家介绍一下我的"休假"（3天2夜，法国人说这不是"度假"）。在寻访过的法国南部大大小小众多地方之中，我最喜欢的是一个叫作"滨海自由城"（Villefranche-sur-Mer）的渔港小镇。

我登记入住了自己喜欢的酒店"维尔康姆"（welcome）。上午在沙滩上发呆，下海游泳；中午吃了在巴黎很少看到的普罗旺斯鱼汤配白葡萄酒；下午去了小教堂参观，在小镇里闲逛，到山丘上眺望大海。

在最热的下午3点，我吃了意大利冰淇淋后又继续闲逛，采购了手工制作的香皂、彩色篮子、阳台的百花香等纪念品。

回到酒店后，我在晚上7点半的时候前往预约的餐馆。我预定了日本的开胃酒，品尝海鲜。晚10点左右日落了，在感受日落的同时，我悠闲地花了3个小时完成我的晚餐。之后我来到酒店的露台，一边喝着餐后酒一边聊天至深夜……

次日早起，在那里看到的日出好像安上了紫色的过滤器，有着梦幻般的感觉。此后我在房间里狼吞虎咽地吃了羊角面包或是其他面包。

虽然旅程只有3天2夜，却得到了充分的休息。

WELCOME HOTEL
http://www.welcomehotel.com/

从巴黎乘飞机前往尼斯需要1小时，乘坐动车到达尼斯需要8小时；从尼斯自驾车或乘坐电车到渔港小镇大约20分钟的车程。

圣诞节 & 新年

圣诞节和家人一起度过，新年和恋人一起度过，这就是法国的年末年初，和日本正相反。

大家在圣诞节休假的时候都去父母家，因为 25 号各个家庭都相聚一堂，所以餐馆基本上都休息。

巴黎的超市里摆放着圣诞节用的肥鹅肝、圆鸡肉、鲑鱼等，那个尺寸，无论哪个都是"大家族"的样子，足可以证明圣诞节是家族的活动。平时慎重地只买两人份物品的先生＆太太也会把购物车装得满满的。

因为要交换礼物，所以这期间的商场进行着礼物商战；又因为要邮寄圣诞卡片，所以邮递业务也是高峰期。街头再现了大甩卖时期才有的、人人都提着大量购物袋的场景。

圣诞大餐的菜谱里，前菜是熏鲑鱼、肥鹅肝，主菜是烤鸡肉，甜点是"圣诞树根蛋糕"（Buche de Noel）。我问朋友："每年都是一样的，不腻吗？"朋友告诉我："如果不吃这些，就没有圣诞节的感觉了！"这就好似年夜荞麦面对于我们的意义一般。

新年，人们一边随着钟声倒数，一边一起干杯！恋人、朋友、志同道合的人们一起庆祝新年的到来。两天之后，工作又开始了。

已经过了新年，圣诞节的彩灯还在装饰着美丽的夜景。

BIEN VIEILLIR

快乐的结局

年轻的小姑娘们，现在、此时正在变老。当然，我是如此，巴黎女人也是。人类平等地逐渐老去。在巴黎的街道上，我感到这种年龄的增长是件快乐的事情。

时尚是以同年代的巴黎女人做模板的，举手投足和生活目标都是为了成为凛然、温柔、优雅的法国女士。

曾经被邀请参加一个晚宴，宴会上，一位80岁的夫人用开胃酒——香槟冲服药丸。我们都很担心："身体没问题吗？"她回答道："到了胃里就溶为一体了。"这个简单的举动就强有力地将疾病的阴霾吹走了。

凯瑟琳·德纳芙（Catherine Deneuve）那左右对称的美丽脸庞上深刻着皱纹，她并不刻意掩饰发福的身材，反倒是一次又一次尝试挑战新的角色，她的这种行动力为她在法国赢得了尊敬，也与年轻人划清了界限。

接下来介绍一位85岁的女演员——伊瑟·葛瑞婷（Esther Gorintin）奶奶。她在处女作《温柔的谎言》中将烟呼出的场景让我印象深刻。正因为她的人生历练很丰富，才能有如此高超的演技。

法国的女演员，随着年龄的增长，魅力在增加，一生都受人追捧。皱纹、雀斑在银幕上反倒像是形式创新的雕刻一般。雀斑是岁月的足迹，所以更美。这对于一般女性也适用。

我认为在关注时尚和进行美容之前，应该好好关注一下"岁月"那牢固的存在感。

伊瑟·葛瑞婷（Esther Gorintin）奶奶85岁才出演了其作为女演员的处女作——主演电影《温柔的谎言》。

雀斑和皱纹是岁月的足迹，所以更美。

ÉPILOGUE

Afterword

后 记

你觉得——

我眼中的巴黎女人怎么样？

我去巴黎的时候是 2004 年的 3 月份。原因有很多，做完外科脑手术后做康复是最主要的原因。

一到巴黎就被街上昂首阔步的巴黎女人的凛然飒爽所折服，于是开始热衷于描绘她们的形象。当我和她们生活在同一个城市，近距离地观察她们，我意识到，虽然文化、习惯、语言各不相同，但是我们都同为人类、同为女性。由此，这些不刻意勉强自己、温柔、真实的巴黎女人，让我从心里涌出一种亲近感。我描绘她们平素的样子，这也让我乐在其中。

在巴黎生活的日子，我只担心我的健康，比起看不到的未来，我更珍视如今的生活，开始转换思维思考活着的事情。这也是受巴黎女人的影响。

"再那样下去是不对的，时间还有很多，不能焦躁，要心平气和地生活。"

这是一位女士说给我的，我也转赠给大家。

想对在巴黎向我伸出援助之手的各位说声 "MERCI"（谢谢），想对在日本为我加油的大家说声 "谢谢"。

最后——

向为了展现真正的充满人情味的巴黎女人而与我一起烦恼，同进同退的井上编辑致以深深的谢意！

米泽阳子

Soko Yonezawa.

悦读阅美·生活更美

好书推荐

《手绘时尚巴黎范儿1——魅力女主们的基本款时尚穿搭》
[日]米泽阳子/著 袁淼/译
百分百时髦、有用的穿搭妙书，
让你省钱省力、由里到外
变身巴黎范儿美人。

《手绘时尚巴黎范儿2——魅力女主们的风格化穿搭灵感》
[日]米泽阳子/著 满新茹/译
继续讲述巴黎范儿的深层秘密，
在讲究与不讲究间，抓住迷人的平衡点，
踏上成就法式优雅的捷径。

《手绘时尚范黎范儿3——跟魅力女主们帅气优雅过一生》
[日]米泽阳子/著 满新茹/译
巴黎女人穿衣打扮背后的生活态度，
巴黎范儿扮靓的至高境界。

《时尚简史》

[法] 多米尼克·古维烈 /著 治棋 /译

流行趋势研究专家精彩"爆料"。

一本有趣的时尚传记，一本关于审美潮流与

女性独立的回顾与思考之书。

《点亮巴黎的女人们》

[澳]露辛达·霍德夫斯/著 祁怡玮/译

她们活在几百年前，也活在当下。

走近她们，在非凡的自由、爱与欢愉中

点亮自己。

《巴黎之光》

[美]埃莉诺·布朗/著 刘勇军/译

我们马不停蹄地活成了别人期待的样子，

却不知道自己究竟喜欢什么、想要什么。

在这部"寻找自我"与"勇敢抉择"的温情小说里，你

会找到自己的影子。

《属于你的巴黎》

[美]埃莉诺·布朗/编 刘勇军/译

一千个人眼中有一千个巴黎。

18位女性畅销书作家笔下不同的巴黎。

这将是我们巴黎之行的完美伴侣。

好书推荐

《优雅与质感1——熟龄女人的穿衣圣经》

[日]石田纯子/主编 宋佳静/译

时尚设计师30多年从业经验凝结，

不受年龄限制的穿衣法则，

从廓形、色彩、款式到搭配，穿出优雅与质感。

《优雅与质感2——熟龄女人的穿衣显瘦时尚法则》

[日]石田纯子/主编 宋佳静/译

扬长避短的石田穿搭造型技巧，

突出自身的优点、协调整体搭配，

穿衣显瘦秘诀大公开，穿出年轻和自信。

《优雅与质感3——让熟龄女人的日常穿搭更时尚》

[日]石田纯子/主编 宋佳静/译

衣柜不用多大，衣服不用多买，

现学现搭，用基本款&常见款穿出别样风采，

日常装扮也能常变常新，品位一流。

《优雅与质感4——熟龄女性的风格着装》

[日]石田纯子/主编 千太阳/译

43件经典单品+创意组合，

帮你建立自己的着装风格，

助你衣品进阶。

《选对色彩穿对衣（珍藏版）》

王静/著

"自然光色彩工具"发明人为中国女性
量身打造的色彩搭配系统。
赠便携式测色建议卡+搭配色相环。

《识对体形穿对衣（珍藏版）》

王静/著

"形象平衡理论"创始人为中国女性
量身定制的专业扮美公开课。
体形不是问题，会穿才是王道。
形象顾问人手一册的置装宝典。

《围所欲围（升级版）》

李昀/著

掌握最柔软的时尚利器，
用丝巾打造你的独特魅力；
形象管理大师化平凡无奇为优雅时尚的丝巾美学。

悦读阅美·生活更美

《中国绅士（珍藏版）》
靳羽西/著

男士必藏的绅士风度指导书。
时尚领袖的绅士修炼法则，
让你轻松去赢。

《中国淑女（珍藏版）》
靳羽西/著

现代女性的枕边书。
优雅一生的淑女养成法则，
活出漂亮的自己。

《嫁人不能靠运气——好女孩的24堂恋爱成长课》
徐徐/著

选对人，好好谈，懂自己，懂男人。
收获真爱是有方法的，
心理导师教你嫁给对的人。

《女人30⁺——30⁺女人的心灵能量》
(珍藏版)

金韵蓉/著

畅销20万册的女性心灵经典。

献给20岁：对年龄的恐惧变成憧憬。

献给30岁：于迷茫中找到美丽的方向。

《女人40⁺——40⁺女人的心灵能量》
(珍藏版)

金韵蓉/著

畅销10万册的女性心灵经典。

不吓唬自己，不如临大敌，

不对号入座，不坐以待毙。

《优雅是一种选择》(珍藏版)

徐俐/著

《中国新闻》资深主播的人生随笔。

一种可触的美好，一种诗意的栖息。

《像爱奢侈品一样爱自己》(珍藏版)

徐巍/著

时尚主编写给女孩的心灵硫酸。

与冯唐、蔡康永、张德芬、廖一梅、张艾嘉等

深度对话，分享爱情观、人生观！

好书推荐

《我减掉了五十斤——心理咨询师亲身实践的心理减肥法》

徐徐/著

让灵魂丰满，让身体轻盈，

一本重塑自我的成长之书。

《OH卡与心灵疗愈》

杨力虹、王小红、张航/著

国内第一本OH卡应用指导手册，

22个真实案例，照见潜意识的心灵明镜；

OH卡创始人之一莫里兹·艾格迈尔（Moritz Egetmeyer）

亲授图片版权并专文推荐。

《女人的女朋友》

赵婕/著

情感疗愈深度美文，告别"纯棉时代"，走进"玫瑰岁月"，

女性成长与幸福不可或缺的——

女友间互相给予的成长力量，女友间互相给予的快乐与幸福，

值得女性一生追寻。

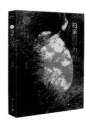

《母亲的愿力》

赵婕/著

情感疗愈深度美文，告别"纯棉时代"，走进"玫瑰岁月"，

女性成长与幸福不得不面对的——

如何理解"带伤的母女关系"，与母亲和解；

当女儿成为母亲，如何截断轮回，不让伤痛蔓延到孩子身上。

《茶修》
王琼/著

中国茶里的修行之道，
借茶修为，以茶养德。
在一杯茶中构建生活的仪式感，
修成具有幸福能力的人。

《玉见——我的古玉收藏日记》
唐秋 / 著　石剑 / 摄影

享受一段与玉结缘的悦读时光，
遇见一种温润如玉的美好人生。

《与茶说》
半枝半影/著

茶入世情间，一壶得真趣。
这是一本关于茶的小书，
也是茶与中国人的对话。

《一个人的温柔时刻》
李小岩/著

和喜欢的一切在一起，用指尖温柔，换心底自由。
在平淡生活中寻觅诗意，
用细节让琐碎变得有趣。

好 书 推 荐

《管孩子不如懂孩子——心理咨询师的育儿笔记》

徐徐 / 著

资深亲子课程导师20年成功育儿经验，

做对五件事，轻松带出优质娃。

《太想赢，你就输了——跟欧洲家长学养育》

魏蔻蔻/著

想要孩子赢在起跑线上，

你可能正在剥夺孩子的自我认知和成就感；

旅欧华人、欧洲教育观察者

详述欧式素质教育真相。

资优教养：释放孩子的天赋

王意中/著

问题背后，可能潜藏着天赋异禀，

资质出众，更需要健康成长。

资深心理师的正面管教策略，

从心理角度解决资优教养的困惑。

《牵爸妈的手——让父母自在终老的照护计划》

张晓卉/著

从今天起，学习照顾父母，

帮他们过自在有尊严的晚年生活。

2014年获中国台湾优秀健康好书奖。

《在难熬的日子里痛快地活》

[日]左野洋子/著　张峻/译

超萌老太颠覆常人观念，用消极而不消沉的

心态追寻自由，爽朗幽默地面对余生。

影响长寿世代最深远的一本书。

《我们的无印良品生活》

[日]主妇之友社/编著　刘建民/译

简约家居的幸福蓝本，

走进无印良品爱用者真实的日常，

点亮收纳灵感，让家成为你想要的样子。

《有绿植的家居生活》

[日]主妇之友社/编著　张峻/译

学会与绿植共度美好人生，

30位Instagram（照片墙）达人

分享治愈系空间。

パリジェンヌのお気に入り
By 米澤よう子
Copyright 2008 Yoko YONEZAWA
Original Japanese edition published by MEDIA FACTORY, INC.
Chinese translation rights arranged with MEDIA FACTORY, INC.
Through Shinwon Agency Beijing Representative Office, Beijing.
Chinese translation rights 2013 by Lijiang Publishing House

桂图登字：20-2012-155

图书在版编目（CIP）数据

手绘时尚巴黎范儿. 3, 跟魅力女主们帅气优雅过一
生 / (日) 米泽阳子著；满新茹译. -- 2版. -- 桂林：
漓江出版社, 2020.1
ISBN 978-7-5407-8743-1

Ⅰ.①手… Ⅱ.①米…②满… Ⅲ.①服饰美学 – 通
俗读物 Ⅳ.①TS973-49

中国版本图书馆CIP数据核字(2019)第214946号

手绘时尚巴黎范儿3——跟魅力女主们帅气优雅过一生
Shouhui Shishang Bali Fanr 3——Gen Meili Nüzhumen Shuaiqi Youya Guo Yisheng

作　　者：[日]米泽阳子　　译　　者：满新茹

出 版 人：刘迪才
策划编辑：符红霞　　　　责任编辑：符红霞
助理编辑：赵卫平　　　　装帧设计：夏天工作室
责任校对：王成成　　　　责任监印：黄菲菲

出版发行：漓江出版社有限公司
社　　址：广西桂林市南环路22号
邮　　编：541002
发行电话：010-85893190　　　0773-2583322
传　　真：010-85893190-814　　　0773-2582200
邮购热线：0773-2583322
电子信箱：ljcbs@163.com
微信公众号：lijiangpress

印　　制：北京尚唐印刷包装有限公司
开　　本：880 mm×1230 mm　1/32
印　　张：4
字　　数：96千字
版　　次：2020年1月第2版
印　　次：2020年1月第1次印刷
书　　号：ISBN 978-7-5407-8743-1
定　　价：42.00元

女性时尚生活阅读品牌

☐ 宁静　☐ 丰富　☐ 独立　☐ 光彩照人　☐ 慢养育

悦 读 阅 美 · 生 活 更 美